Wilma Lima Lira
Lucília Dias Pacobahyba

L'utilisation de salles thématiques ou de salles d'ambiance

Wilma Lima Lira
Lucília Dias Pacobahyba

L'utilisation de salles thématiques ou de salles d'ambiance

dans les écoles publiques de Boa Vista, RR

ScienciaScripts

famille bien-aimée, qui a toujours été à mes côtés pour me soutenir. Surtout la femme la plus forte et la plus travailleuse que je connaisse, ma mère qui est mon exemple de force, je ne pourrai jamais lui rendre tout ce qu'elle a fait et fait pour moi. Bien sûr, je ne pouvais pas ne pas mentionner les deux personnes que j'aime le plus dans la vie, mes filles, elles sont la grande raison pour laquelle je suis ici, grâce à elles, je suis allé jusqu'au bout de la remise des diplômes malgré quelques fois j'ai pensé à abandonner, sans elles surtout l'aînée, Giseli qui m'a beaucoup aidé en prenant soin de sa petite sœur, Ana Vitória, chaque fois que c'était nécessaire pour que je puisse venir au collège. Ils ont toujours été à mes côtés et m'ont encouragé à réaliser mon rêve. Cette réalisation n'est pas seulement la mienne, mais aussi la nôtre.

La salle d'ambiance doit être un lieu pour structurer, organiser, planifier et faire en sorte que la pensée se produise ; c'est un espace pour faciliter, tant à l'étudiant qu'à l'enseignant, le questionnement, la conjecture, la recherche, l'expérimentation, l'analyse et la conclusion, bref, pour apprendre et surtout apprendre à apprendre.

(SÉRGIO LORENZATO, 2009)

RÉSUMÉ

Cet article vise à connaître le fonctionnement des salles/environnements thématiques des écoles publiques de Boa Vista/RR qui, au cours des 09 dernières années, ont mis en œuvre ces espaces d'enseignement différencié, à vérifier comment les enseignants utilisent ces espaces d'enseignement, ressource encore peu utilisée dans les écoles publiques de la capitale, en plus de savoir à partir de l'expérience des étudiants si ce modèle d'organisation est bien accepté et s'il a apporté des améliorations dans le développement des classes et par conséquent dans le processus d'apprentissage. Pour cela, une recherche exploratoire sur le terrain a été réalisée. Cinq écoles ont été sélectionnées, deux écoles primaires, deux écoles secondaires et une école qui offre les deux niveaux d'enseignement. Des questionnaires structurés ont été appliqués à 65 élèves d'écoles primaires, 61 élèves d'écoles secondaires et 11 enseignants. Les résultats indiquent que dans les écoles de Boa Vista, la mise en œuvre des salles d'environnement est quelque chose qui doit être mieux étudié parce que, bien qu'étant un nouveau modèle d'organisation très bien accepté et selon les enseignants qui ont participé à la recherche ont une bonne structure physique, ces espaces ne disposent pas des ressources et des matériaux nécessaires pour remplir leur rôle. Après tout, il est nécessaire de réunir les conditions d'infrastructure, la partie matérielle, pédagogique et sociale ; ce n'est qu'ainsi qu'il est possible de développer des pratiques pédagogiques qui favorisent davantage l'interaction et l'échange d'expériences entre les étudiants et aussi entre eux et les enseignants. L'adoption de classes thématiques permet aux enseignants d'avoir plus d'autonomie et de modifier l'environnement scolaire, ce qui peut entraîner des changements très positifs non seulement en tant qu'élèves mais aussi en tant que citoyens.

Mots clés : salle d'environnement, ressources didactiques, utilisation appropriée

ASS Ayrton Senna da Silva
École élémentaire EF
École secondaire EM
LDA Lobo D'Almada
LDB Lois des Directives et Bases
MDA Mario David Andreazza
PB Penha Brésil
PCNs Paramètres du programme national
Président du PCS Costa e Silva
RR Roraima
SC Santa Catarina

1. INTRODUCTION

La pratique de l'enseignement est quelque chose qui a toujours été étudié au fil du temps, ces études ont pour but de promouvoir des améliorations dans le processus d'enseignement et d'apprentissage. Et récemment, les salles thématiques ont commencé à émerger comme une alternative que les institutions peuvent utiliser comme outil pour contribuer à ce processus. Ces salles d'ambiance peuvent grandement aider au développement de la pratique scolaire, car c'est une manière différente qui permet aux enseignants de planifier et de développer des classes différenciées, plus élaborées et intéressantes dans la mesure où vous pouvez compter sur les matériaux disponibles dans ces espaces d'étude. L'intérêt pour ce sujet a surgi il y a un certain temps quand pendant la discipline de Didactique Générale j'ai fait un travail où j'ai parlé des salles thématiques, mais dans ce cas j'ai parlé seulement des salles environnements de l'École d'Application, j'ai trouvé très intéressant comment ils fonctionnent et comment sont ces environnements d'étude dans cette école et quand j'ai pensé à un thème à développer dans mon projet de recherche j'ai pensé qu'il serait bon de voir comment il est le fonctionnement de ces environnements dans les écoles publiques dans notre ville.

Il est donc devenu pertinent d'étudier et de connaître cette nouvelle stratégie d'enseignement, qui constitue l'objet de recherche de ce travail. Pour cela, une recherche de terrain qualitative et descriptive a été réalisée, par le biais d'un questionnaire auprès des enseignants et des élèves des écoles publiques de Boa Vista/RR qui travaillent avec ces espaces d'enseignement.

Dans cette étude, nous avons cherché à savoir comment ces espaces éducatifs sont utilisés dans les écoles publiques de Boa Vista-RR. Puisque cette pratique est récente dans le réseau d'éducation publique de notre municipalité. Ce n'est qu'à partir de 2009 que cette pratique a été mise en œuvre dans la ville. Comme la première école publique à adopter cette forme d'éducation a été l'école d'application de l'UFRR, qui est un cas différent est une école publique, mais n'est pas une école sous la responsabilité du gouvernement de l'État est un établissement d'enseignement qui fait partie de l'Université fédérale de Roraima pour entrer est nécessaire de passer un test d'évaluation. La même année, l'école Lobo D'Almada a été la première parmi les écoles publiques à déployer des salles de classe ambiantes.

1.1 ET QUELLES SONT LES SALLES THÉMATIQUES ?

Il s'agit d'un environnement thématique qui peut susciter chez les élèves une curiosité et un intérêt que l'on ne voit pas dans une salle de classe classique.

L'idée de ces salles ambiantes est d'organiser des salles de classe avec du matériel pédagogique relatif à chaque matière, c'est-à-dire que l'école aura une salle pour le portugais, les mathématiques, la chimie, les sciences, entre autres. L'objectif de cette organisation des espaces est que chaque salle soit équipée des ressources et du matériel nécessaires pour illustrer et enrichir les leçons, par exemple, les ensembles de cartes, de photos et de gravures dans les salles de géographie. Les maquettes, les atlas du corps humain, les modèles d'organes et d'animaux dans la salle de sciences, les microscopes, etc.

Les salles d'ambiance ne se limitent pas seulement à un espace physique, car tous les matériels et équipements utilisés disponibles dans ces espaces ne sont que les moyens pour les enseignants utilisant ces ressources didactiques et pédagogiques de répondre chacun dans leur discipline en question, à l'objectif pédagogique spécifique. L'idée est d'offrir à l'élève une plus grande interaction avec la diversité des ressources et du matériel pédagogique et d'avoir ainsi la possibilité d'établir une relation entre les connaissances scolaires, la vie et le quotidien, la vie de tous les jours en dehors de l'école.

> Une salle de classe dans laquelle des ressources didactiques et pédagogiques sont disponibles pour servir un objectif éducatif spécifique. L'idée est de faire interagir l'élève avec une plus grande diversité de ressources et de matériels pédagogiques et de lui permettre de mieux établir une relation entre les connaissances scolaires, sa vie et le monde. En outre, le concept d'Ambient Room considère que le "tableau noir ou la craie" n'est pas la seule ressource valable dans le processus d'enseignement et d'apprentissage sous forme de face-à-face. (MENEZES ; SANTOS, 2002 apud ALMEIDA 2012, p.6).

La salle d'ambiance, en fait, n'est pas quelque chose de nouveau dans le milieu scolaire, selon l'enseignante Sônia Penin (1997). Cet outil est déjà inséré depuis longtemps dans le quotidien de certaines écoles, mais il est peu ou pas utilisé dans de nombreux cas. Il est très courant de trouver dans les écoles, des salles spécifiques que l'on appelle des laboratoires. Par exemple, le laboratoire d'informatique, le laboratoire de sciences. Toutefois, dans ces espaces, les cours s'y déroulent de manière occasionnelle et non quotidienne comme dans le cas des classes d'ambiance.

L'objectif de cette organisation des espaces est que chaque salle, une fois spécialisée, chaque enseignant ait sa salle, il puisse compter sur tous les matériels et ressources nécessaires à l'illustration et à l'enrichissement des cours.

En ce sens, la salle de classe devrait faciliter un environnement d'échange d'apprentissage continu, tant pour les étudiants que pour les enseignants. Puisque ces espaces peuvent être utilisés et modifiés en fonction des besoins et des objectifs de chaque classe.

Et lorsque nous parlons de changements dans les pratiques d'enseignement, nous ne pouvons pas oublier que les enseignants doivent être préparés, et pour cela l'essentiel serait qu'ils cherchent chaque fois que possible à s'améliorer pour savoir comment faire face à ces changements comme, par exemple, l'opportunité qui se présente lorsque l'institution adopte les classes thématiques. Cette amélioration et préparation est une demande de la société, qui cherche des professionnels formés pour développer un travail intégré, actualisé, contextualisé et interdisciplinaire, pour une éducation complète où l'on n'apprend pas seulement des contenus fragmentés.

La salle de classe est un environnement qui doit être organisé en fonction des besoins de l'enseignant, car si l'enseignant dispose de cet espace et du matériel nécessaire pour enseigner à sa classe, il ne perdra pas de temps entre les cours. Souvent, l'enseignant n'utilise pas certaines ressources et certains matériels qui faciliteraient le processus d'enseignement et d'apprentissage, simplement parce qu'il ne sait pas comment transporter le matériel d'une salle à l'autre.

C'est en pensant à cela que les institutions scolaires sont chaque jour plus ouvertes à l'idée de déployer des salles d'ambiance. Il est nécessaire de prendre en compte la stimulation de tous les domaines de la connaissance, car cela permettra d'envisager les élèves en général et de rendre le processus d'enseignement et d'apprentissage différencié et dirigé avec des activités alternatives appropriées aux différents domaines de la connaissance, en plus de leur donner la liberté de choisir et de manipuler les matériaux pédagogiques disponibles.

Lorsque l'école organise l'espace scolaire en salles de classe thématiques, toutes les matières peuvent être mieux comprises et assimilées par les élèves, ce qui donne plus de sens à l'apprentissage.

Les salles thématiques sont une excellente alternative d'organisation de ces espaces qui peuvent ainsi tenter de fournir aux élèves des cours différenciés, stimulants et agréables qui peuvent finir par faciliter l'interaction entre élèves et enseignants.

Cette étude a été justifiée, par conséquent, par le besoin de savoir si les écoles publiques de Boa Vista/RR, parviennent à mettre en œuvre et à faire fonctionner ces espaces éducatifs selon la proposition des salles thématiques.

Au cours de la recherche, j'ai vérifié certaines questions importantes pour le bon fonctionnement des salles thématiques, le plus important étant bien sûr l'objectif principal du travail qui était de vérifier comment est la structure physique et pédagogique de ces espaces scolaires.

En outre, j'ai essayé de diagnostiquer avec les enseignants si l'adoption des salles d'ambiance a amélioré leur pratique et aussi si elle a stimulé la participation des étudiants et par conséquent leur performance en classe, considérant que l'une des tâches les plus difficiles auxquelles l'enseignant fait face aujourd'hui est d'obtenir l'attention des étudiants pendant la classe.

Pour que ces environnements soient considérés comme des salles thématiques, ils doivent avoir une structure avec des matériaux diversifiés correspondant à chaque matière scolaire. Le matériel sert de support à l'apprentissage et l'enseignant est responsable de la médiation des connaissances.

Les élèves, dans leurs différentes façons de penser et d'agir, ont besoin d'environnements qui les impliquent et les incitent à apprendre, étant donné qu'aujourd'hui les différents médias les éloignent en permanence du contact humain et les éloignent de l'interaction avec leurs camarades de classe et leurs enseignants. En tant que futur enseignant, je sais que nous devons utiliser la technologie en notre faveur et, par conséquent, les classes thématiques, lorsqu'elles sont bien organisées, peuvent nous aider beaucoup dans ce domaine.

Pour développer la recherche, nous avons choisi cinq écoles publiques qui ont adopté les salles ambiantes et nous avons appliqué un questionnaire aux professeurs de sciences et de biologie de ces institutions et à certains élèves de la 7ème à la 9ème année de l'école primaire et de la 1ère à la 3ème année de l'école secondaire. Ils ont cherché à vérifier comment les écoles qui ont adopté cette méthodologie d'enseignement ont organisé ces environnements d'étude, à la fois physiquement et pédagogiquement avec des matériaux et des équipements pour que l'enseignant puisse développer un bon travail avec ses élèves et vérifier si l'utilisation des salles thématiques a contribué au processus d'enseignement et d'apprentissage, puisque c'est son but.

2. ANALYSE DE LA LITTÉRATURE

Selon Krasilchik (2000), la matière scientifique est devenue obligatoire dans le pays après la loi sur les directives et les bases de l'éducation (LDB), n° 4.024/61. Cette loi a considérablement élargi la participation des sciences dans le programme scolaire, qui a commencé à apparaître dès la 1ère année du collège. Au lycée, on a également constaté une augmentation substantielle du nombre d'heures consacrées à la physique, à la chimie et à la biologie. Ce n'est qu'en 1971, avec la LDB n. 5. 692/71, que les sciences naturelles sont devenues obligatoires dans les huit classes de l'école primaire.

L'objectif fondamental de l'enseignement des sciences est devenu de permettre aux élèves d'identifier des problèmes à partir de l'observation d'un fait, de soulever des hypothèses, de les tester, de les réfuter et de les abandonner si nécessaire, en travaillant pour tirer des conclusions par eux-mêmes. L'étudiant doit pouvoir "redécouvrir" ce que la science connaît déjà, en s'appropriant sa façon de travailler, comprise alors comme "la méthode scientifique" : une séquence rigide d'étapes préétablies. C'est dans cette perspective que la démocratisation de la connaissance scientifique a été recherchée à l'époque, reconnaissant l'importance de l'expérience scientifique non seulement pour les éventuels futurs scientifiques, mais aussi pour le citoyen ordinaire (BRASIL, 1997, p 19).

> Dans les premières années de l'école primaire, chaque classe a un enseignant responsable de tous les domaines de connaissance. Dans les quatre dernières classes, la biologie fait partie de la matière scientifique, qui comprend également des sujets de physique et de chimie. Au lycée, la pratique professionnelle de la biologie dans notre pays a beaucoup varié dans les décennies de 1950 à 1990, la biologie a été subdivisée en botanique, zoologie et biologie générale, des sujets qui ont composé avec la minéralogie, la géologie, la pétrographie et la paléontologie la discipline de l'histoire naturelle (KLASILCHIK, 2011, p. 12).

En 1996, la nouvelle LDB, n° 9.394/96, a été approuvée, établissant au paragraphe 2 de l'article 1 que l'enseignement scolaire doit être lié au monde du travail et à la pratique sociale. L'article 26 stipule que "les programmes de l'enseignement primaire et secondaire doivent avoir une base nationale commune, qui sera complétée par les autres contenus curriculaires spécifiés dans la présente loi et dans chaque système éducatif". L'éducation de base du citoyen à l'école primaire exige la maîtrise complète de la lecture, de l'écriture et de l'arithmétique, la compréhension de l'environnement matériel et social, du système politique, de la technologie, des arts et des valeurs sur lesquelles repose la société.

Le lycée a pour fonction de consolider les connaissances et de préparer au travail et à la citoyenneté pour continuer à apprendre (KRASILCHIK, 2000).

Outre les contenus spécifiques des domaines scientifiques, en 1998, le Secrétariat de l'éducation de base, par le biais des paramètres du programme national (PCN) - Sciences naturelles, a présenté quatre axes thématiques qui guideraient l'enseignement des sciences à ce niveau d'éducation : Terre et Univers, Vie et Environnement, Être humain et Santé, Technologie et Société. Au cours de la même période, le PCN - Thèmes transversaux a été lancé, proposant de nouveaux thèmes à inclure dans le curriculum : éthique, pluralité culturelle, environnement, santé, orientation sexuelle (BRASIL, 1998a ; 1998b).

Au cours de l'histoire, l'éducation dans nos écoles a subi des transformations qui reflètent les changements survenant dans la société, sur le plan politique, économique et culturel. Chaque nouveau gouvernement apporte des réformes qui affectent principalement l'enseignement de base et secondaire, et ces changements vont du système à la structure physique offerte dans les bâtiments scolaires, et parmi ces changements nous avons un bon exemple à suivre, l'adoption de salles thématiques ou salles d'ambiance.

Les écoles traditionnelles ne se préoccupent pas de l'espace physique de la salle de classe. La plupart d'entre eux ont des espaces composés uniquement de bureaux et de tableaux noirs. Cela rend l'environnement peu stimulant pour les étudiants.

Adoptant une conception différente de la pratique encore dominante, Moreira (2007) enseigne que l'environnement scolaire doit être configuré comme un espace socialement construit par les interactions entre les élèves et les enseignants et de ceux-ci avec les autres sources matérielles et symboliques de l'environnement. Elle doit donc être organisée de manière à promouvoir les possibilités d'apprentissage. Et cela se fait non seulement par la "transmission" de contenus, mais aussi par l'échange d'expériences, par le dialogue entre les personnes impliquées dans ce processus.

Face à la proposition de l'enseignement comme interaction, la salle d'environnement se présente comme un nouveau modèle d'organisation scolaire différent des salles de classe traditionnelles, car elle est orientée spécifiquement vers une matière, en mettant l'accent sur la disposition du matériel didactique, afin d'offrir une plus grande interactivité entre les élèves, pour qu'ils puissent construire des connaissances liées à la réalité.

En prenant connaissance de ces perspectives contemporaines, nous pouvons rechercher l'origine des classes environnementales, comme lieu d'interaction des technologies et des méthodologies éducatives, dans l'histoire de l'éducation brésilienne. L'utilisation de ce type d'environnement n'est pas nouvelle selon Nunes (2000, p. 52-7), l'insertion des classes environnementales comme alternative pédagogique différenciée vient des années 60, à travers les classes expérimentales, basées sur les principes de la New School et les gymnases polyvalents, dérivés des écoles américaines. Selon Carvalho (1999, p. 15), l'expansion des écoles travaillant avec des classes environnementales au Brésil s'est produite principalement à partir des années 1980, dans les écoles de la 5e à la 8e année de l'école primaire et du lycée.

Selon Sanfelíce (1998), la classe est un lieu spécifique destiné à des activités spécifiques d'enseignement-apprentissage de connaissances spécifiques, à différents niveaux et complexité, à travers des méthodologies appropriées et qui n'a sa particularité assurée que dans la mesure où les enseignants et les élèves garantissent l'exécution réelle de ces objectifs auxquels elle est destinée. La salle de classe n'est donc pas cet espace physique inerte de l'institution scolaire, mais un espace physique dynamisé principalement par la relation pédagogique.

Et que serait une salle thématique ou une salle environnementale ? Ce n'est rien d'autre que cet espace approprié où se trouvent les matériaux nécessaires à l'exercice de leur fonction, c'est-à-dire une salle de classe où l'enseignant peut compter sur le soutien de certaines ressources pédagogiques qui l'aideront à développer le contenu de sa discipline.

La salle d'environnement rapproche l'étudiant de la science en question, car elle ouvre un éventail de possibilités qui, jusqu'alors, pouvaient passer inaperçus pour eux, parce qu'ils n'étaient pas exposés à la connaissance (PENIN, 1997). Ces environnements peuvent grandement aider les enseignants à développer leurs cours, notamment les cours de sciences et de biologie qui, en fonction de leur contenu, offrent plusieurs options de matériel et de classes différenciées.

Dans l'enseignement secondaire, les PCN ont le "double rôle de diffuser les principes de la réforme du curriculum et de guider l'enseignant dans la recherche de nouvelles approches et méthodologies" (BRASIL, 1999, p.13).

Les salles d'ambiance sont un outil qui peut être utilisé dans l'enseignement des sciences pour rendre la classe plus intéressante et interactive, car par rapport aux salles de classe traditionnelles, ces environnements fournissent divers matériels pédagogiques qui éveilleront la curiosité et l'intérêt des étudiants, offrant ainsi un apprentissage plus significatif.

> L'environnement établit un climat qui prédispose une personne à ressentir certaines sensations, ainsi que la volonté et la prédisposition à manifester des comportements spécifiques, des actions différentes, des attitudes différentes. La planification d'un environnement de connaissances qui appelle les gens à l'apprentissage et au plaisir dans la recherche de nouvelles connaissances est la tâche des professionnels de l'enseignement. (PENIN, 1997, p.20)

Selon Costella, (2014) il n'est pas possible d'emmener les étudiants partout et de leur montrer les phénomènes, les formes réelles des espaces et comment ils sont organisés, mais ce n'est pas à partir de cette impossibilité, que nous nous contenterons d'une connaissance faite à partir de lectures de réponses. Les étudiants sont essentiellement symboliques, à partir des stimuli visuels et cette symbologie que la salle d'ambiance offre comme support, fonctionne comme une synthèse pour les connaissances et ouvre des portes pour les possibilités d'apprentissage.

Les salles thématiques sont une excellente ressource qui offre aux enseignants certains avantages, comme mentionné précédemment, avec l'utilisation de ces espaces l'enseignant a plus pour enseigner leurs classes, les étudiants ont la chance d'utiliser de nombreux matériaux d'enseignement qui aideront à comprendre et à fixer le contenu couvert, si l'environnement est bien structuré les étudiants peuvent venir à devenir plus participatif et créatif et tous ces avantages ont certainement aidé à la fois les enseignants et les étudiants dans ce processus difficile qui est l'enseignement-apprentissage.

Et l'utilisation de salles/environnements thématiques dans l'enseignement des sciences peut être très utile, car il est possible d'utiliser diverses ressources pédagogiques qui rendront la leçon plus profitable et, je pense, plus productive. Par exemple, dans la salle de sciences ou de biologie, nous pouvons utiliser des panneaux ou des modèles d'organes du corps humain, panneau d'insectes, boîte entomologique, images sur des posters ou peintes sur les murs ou même des modèles de royaumes, de cellules, de botanique, il y a donc plusieurs possibilités et une autre chose à laquelle il faut penser est que la façon d'organiser les bureaux peut être différente : au lieu de les mettre en rangs les uns derrière les autres, vous pouvez utiliser un cercle.

À l'école, sous le terme d'innovation, sont inclus non seulement les changements de programmes, mais aussi l'introduction de nouveaux processus d'enseignement et d'apprentissage, de produits, de matériaux, d'idées et même de personnes (HERNÁNDEZ et al., 2000, p. 29).

A partir du moment où une institution décide d'utiliser comme méthodologie d'enseignement les salles de classe ambiantes, il est nécessaire de voir si l'école dispose de la structure physique, des ressources financières et, surtout, il est extrêmement important de vérifier que les enseignants et autres professionnels de l'institution sont préparés à travailler avec cette nouvelle forme d'éducation.

> Pour utiliser différemment l'espace physique de la classe, la médiation pédagogique de l'enseignant peut être une base du processus. Par conséquent, pour réussir dans la pratique éducative grâce à l'augmentation des espaces physiques, il est nécessaire d'aller au-delà de l'appareil instrumental. La didactique doit être orientée, en premier lieu, vers la compréhension et l'orientation de l'apprentissage, en allant au-delà des propositions techniques purement instrumentales. (GUERRA, 2007, p.26).

L'organisation de l'espace scolaire en salles d'environnement ne garantit pas a priori des changements dans le processus d'enseignement et d'apprentissage. Elle ne se limite pas à la répartition de l'espace physique, ni aux seuls changements de pratiques pédagogiques développés dans ce contexte.

Les changements doivent être définis en fonction des besoins et des objectifs du moment et en fonction de la nature des matières et de la perspective théorique suivie par les enseignants. Elle concerne un ensemble de changements dans la dimension physique et sociale de l'école. Selon Rosa (1997, p. 23) " dans l'utilisation de la salle-environnement, nous devons problématiser la réalité et construire avec les élèves des hypothèses qui serviront de lignes directrices pour qu'ils agissent comme des agents transformateurs dans l'environnement dans lequel ils sont insérés ".

La planification d'un environnement, que ce soit dans la vie personnelle ou sociale, comme dans ce cas, l'environnement scolaire, exige de savoir comment faire l'association de la structure, de l'espace et de la fonction attendue de cette enceinte, afin qu'ils puissent atteindre les objectifs qui sont possibles pour développer les actions programmées pour l'environnement. Selon Penin (1997, p. 20) "les environnements sont soigneusement planifiés pour invoquer des sensations et provoquer les actions qui en découlent".

La mise en place de salles de travail nécessite une discussion et une planification avec tous les secteurs de l'école. Elle nécessite un échange d'expériences entre les coordinateurs pédagogiques, les gestionnaires et les enseignants qui seront chargés d'organiser l'espace des salles de travail dans leurs écoles. En l'absence d'une telle discussion et de la participation de tous, il est certainement difficile de réussir le processus de mise en œuvre.

Revenant sur la définition de l'environnement ambiant, Penin (1997, p. 20-1) insiste sur la nécessité d'analyser la focalisation de deux dimensions qui sous-tendent l'environnement ambiant : la dimension physique et la dimension sociale. Dans sa dimension physique, l'environnement-classe constitue une manière spécifique d'organiser le travail pédagogique des différents contenus curriculaires, de sorte que certaines différenciations puissent se produire par rapport à la routine traditionnelle. Ces modifications seraient centrées sur le formulaire. Ainsi, la salle-environnement peut être considérée comme une organisation physique (spatiale) différente du modèle conventionnel, car elle alloue les ressources nécessaires au travail scolaire de chaque matière, de sorte que l'accès aux ressources didactiques et pédagogiques soit facilement accessible aux enseignants et aux élèves. En ce sens, la salle-environnement est différente de la salle de classe classique car elle concentre les équipements, livres, cartes et autres ressources nécessaires à un travail spécifique avec les objets de connaissance des différentes matières.

Penin (1997) valorise la dimension sociale des salles d'environnement comme base pour le redimensionnement des espaces d'apprentissage. La dimension sociale implique la disposition des personnes dans la pièce et le type d'interlocution qui s'y déroule. En ce sens, la salle d'environnement est comprise comme un espace dans lequel des pratiques pédagogiques différenciées peuvent résulter de cet aménagement non conventionnel, permettant à l'enseignant de travailler avec les connaissances scolaires et les élèves selon un nouvel aménagement technique. Dans les activités pédagogiques, différentes relations peuvent être soulignées. La salle-environnement conçue comme un espace qui facilite l'apprentissage permet une relation pédagogique multidimensionnelle, selon Penin (1997, p. 21). Cette relation prend place dans l'interaction de l'enseignant avec les étudiants, dans les échanges avec d'autres domaines de connaissance, pour éviter l'isolement parmi les autres disciplines et surtout dans les interactions entre collègues. La salle révèle une posture ouverte à l'établissement de relations entre les sujets (enseignants et étudiants), offrant une coexistence stimulante dans un environnement de travail plus gai et plus beau, riche en stimuli visuels et en messages.

3. PROCÉDURES MÉTHODOLOGIQUES

3.1 MÉTHODOLOGIE

Cette étude s'est basée sur les principes d'une recherche de terrain quali-quantitative et exploratoire - nous savons que ce type de recherche ne se concentre pas sur la représentativité numérique, mais plutôt sur l'approfondissement de la compréhension de son objet d'étude. Pour Minayo (2001), la recherche qualitative travaille avec l'univers des significations, des motivations, des aspirations, des croyances, des valeurs et des attitudes, ce qui correspond à un espace plus profond de relations, de processus et de phénomènes qui ne peuvent être réduits à l'opérationnalisation de variables.

L'instrument utilisé pour la collecte des données était un questionnaire semi-structuré, composé de neuf questions fermées et d'une question ouverte dont le but était de permettre aux sujets de recherche de justifier leur réponse par oui ou par non à la question : Pensez-vous que la structure des salles de classe offre des conditions favorables pour faciliter le processus d'enseignement et d'apprentissage ? Quant aux étudiants, on leur a demandé s'ils aimaient ou non étudier dans les classes thématiques et, en fonction du choix de oui ou de non, ils devaient justifier leur réponse. L'étude a porté sur des élèves de la 7e à la 9e année de l'école primaire et de la 1re à la 3e année de l'école secondaire. Le choix de ce public s'explique par le fait qu'il dispose d'une plus grande maturité pour répondre aux questions proposées. Le questionnaire était le même pour les élèves du secondaire et du primaire.

Pour connaître les perceptions des élèves du réseau des écoles publiques qui étudient dans des classes environnementales sur cette forme d'organisation de l'espace scolaire, j'ai utilisé un questionnaire contenant 10 questions, où 01 de ces questions était ouverte et permettait donc d'obtenir une justification, une contribution ou une opinion du sujet/informateur, en plus de la réponse standard fermée, obtenue dans les 09 autres questions. De même, les professeurs de sciences et de biologie de ces écoles ont également répondu à un questionnaire ayant la même structure, mais avec quelques questions différentes.

Pour composer l'univers de recherche, nous avons identifié les écoles d'éducation de base de la ville de Boa Vista, Roraima, appartenant au réseau d'éducation publique dont la structure est organisée en classes environnementales (appelées classes thématiques). Ainsi, nous avons délimité l'échantillon en cinq écoles, dont deux sont des écoles élémentaires (Escola Estadual Penha Brasil et Escola Estadual Presidente Costa e Silva), deux écoles secondaires (Escola Estadual Ayrton Senna da Silva et Escola Estadual Lobo D'Almada) et une qui offre les deux niveaux d'enseignement (Escola Estadual Mario David Andreazza).

Au total, 126 élèves ont participé à la recherche, soit 65 élèves de l'école primaire et 61 de l'école secondaire. Seuls ont été acceptés comme participants les élèves qui ont présenté le formulaire de consentement éclairé (TALE) dûment signé par leurs parents ou tuteurs. Les 11 enseignants participant à la recherche ont également signé un terme, en l'occurrence le terme de consentement libre et éclairé (TCLE). Comme méthode d'analyse, nous avons suivi les paramètres de la recherche qualitative, en cherchant à connaître les opinions des élèves et des enseignants qui ont participé à la recherche concernant la mise en œuvre, l'organisation, l'utilisation et l'influence de ces salles d'environnement différencié dans le processus d'enseignement-apprentissage.

Pour faciliter l'identification, j'identifierai les écoles qui ont participé à la recherche comme A (Penha Brasil), B (Presidente Costa e Silva), C (Ayrton Senna), D (Lobo d' Almada) et E (Mario David Andreazza).

1.2 LA CARACTÉRISATION DES ÉCOLES PARTICIPANT À LA RECHERCHE

L'école publique Penha Brasil (A), est située à Rua Juscelino Kubitschek, 926, quartier d'Aparecida, zone Nord, a été fondée dans le gouvernement du colonel Helio da Costa Campos et créée par le décret n° 030 du 7 juin 1973. Le 1er novembre 2001, après une longue réforme, l'école a été ré-inaugurée. Aujourd'hui, le niveau et la modalité que propose son public est uniquement l'école primaire, la série finale de 6° à 9°. L'institution travaille avec des classes thématiques depuis 2010.

L'école B (Presidente Costa e Silva) est située à Rua Professor Agnelo Bitencourt, 719, São Francisco, zone Nord offre aux étudiants les dernières années de l'enseignement élémentaire, de la 6ème à la 9ème année et offre maintenant aussi quelques classes d'accélération, a 14 salles de classe. L'école a mis en place les classes thématiques il y a 06 ans.

L'école Ayrton Senna da Silva (C) est situé à Rua Floriano Peixoto, 221, Center a été fondée en 1994, a 25 salles de classe est une institution qui offre uniquement le niveau de l'école secondaire régulière de la 1ère à la 3ème année dans les équipes du matin et l'après-midi et a adopté les classes thématiques en 2015.

L'école (D) Lobo D'Almada est située dans la zone à Avenida Benjamim Constant, 1453, Centro. L'école a été fondée au milieu des années 1940, plus précisément en 1945. Ce fait historique est enregistré dans le Journal officiel de l'État, publié le 20 avril de cette année-là. À 9 heures de ce jour a été inauguré le Groupe scolaire Lobo D'Almada, qui a eu comme premiers enseignants Jacobede Oliveira, Maria C. Matos, Lindalva Liberato et Isnal Andrade. Ils ont ensuite enseigné aux 129 premiers étudiants du territoire. Actuellement, il n'offre que l'enseignement secondaire régulier dans les équipes du matin et de l'après-midi, avec des classes réparties dans 15 salles de classe. Depuis 2009, l'institution a adopté l'utilisation de classes d'ambiance.

L'école publique Mário David Andreazza (E) est située à Rua Alcides Lima, 246, quartier Caimbé, zone ouest, a été créée par le décret n° 020/1988, offre à la communauté les dernières années de l'école élémentaire et de l'école secondaire ordinaire. Actuellement, l'école fonctionne en deux équipes, le matin et l'après-midi, et compte 12 salles de classe. Implantation des classes thématiques il y a 05 ans.

4. RÉSULTATS ET DISCUSSIONS

Je vais commencer à parler des résultats de l'étude en parlant des enseignants. Le questionnaire commençait par leur demander s'ils avaient reçu une formation lorsque l'école a décidé de mettre en place les classes thématiques. La plupart des 73% ont répondu par la négative. La question suivante visait à savoir depuis combien de temps les professeurs enseignaient dans les salles de classe. Selon les réponses, 45% utilisaient l'environnement depuis 1 an, 10% entre 2 et 3 ans, et 45% depuis plus de 3 ans.

Lorsqu'ils ont été interrogés sur la structure physique des salles et s'ils offraient des conditions favorables pour faciliter le processus d'enseignement-apprentissage, la majorité 82% ont répondu oui, tandis que 18% ont répondu non. Dans cette question, après avoir répondu par oui ou par non, il y avait une question ouverte pour que les enseignants justifient leur réponse à la question précédente, pour dire pourquoi oui ou non. Et leurs justifications étaient les suivantes : elle facilite l'organisation du matériel, il est possible de préparer quelque chose de différent, de l'assembler et de l'utiliser quatre fois de suite, sans perdre de temps ; ils ont également souligné que cette structure suscite la curiosité des élèves.

La question suivante était la même que celle posée aux étudiants sur les éléments qu'ils considèrent comme essentiels pour le fonctionnement d'une salle d'environnement, mais avec des alternatives de réponses différentes et, comme les étudiants, la plupart d'entre eux ont considéré toutes les alternatives nécessaires et se souvenant que dans cette question ils pouvaient marquer plus d'une alternative.

Tableau 1. Réponse à la question 4 posée aux enseignants.

4 - Parmi les alternatives suivantes, quels sont les éléments que vous considérez comme essentiels pour le fonctionnement d'une salle d'ambiance ?	
ALTERNATIVE	**QUANTITÉ**
La structure physique de l'institution	01
L'organisation de la salle	02
Les matériaux/ressources disponibles	03
Interaction avec les étudiants et les enseignants	02
L'interaction des élèves avec le matériel disponible dans la salle.	02
Tout ce qui précède	08

Les questions suivantes du questionnaire destiné aux enseignants visaient à déterminer si l'adoption de cette nouvelle méthodologie contribue à accroître la motivation des élèves. 64% ont répondu qu'elle contribue beaucoup et 34% que la contribution est faible. Quant à l'amélioration des notes et des performances des élèves, 73% ont déclaré qu'il y avait une amélioration dans toutes les matières, 18% qu'il y avait une amélioration seulement dans certaines matières, et 09% qu'il n'y avait pas d'amélioration. Enfin, j'ai demandé aux enseignants s'ils pensaient que cette méthode d'enseignement devait être mise en œuvre dans d'autres écoles publiques de la ville. La plupart des 55% ont répondu que cela dépend, si les écoles ont la structure physique et le matériel pédagogique pour la mise en œuvre, je suis d'accord avec la mise en œuvre.

Pour connaître la perception des étudiants sur l'utilisation des salles thématiques, j'ai d'abord cherché à savoir s'ils aiment étudier dans une salle d'environnement ; la réponse à cette question a été plutôt positive, puisque 87% des répondants ont dit oui. Après ce premier questionnement où les alternatives étaient oui ou non a un complément de la question qui leur demandait de justifier, de dire pourquoi ils avaient répondu oui ou non. Parmi les réponses, les étudiants ont souligné que cela est dû au fait que les cours deviennent plus intéressants, amusants et contribuent beaucoup à l'interaction entre les étudiants et les enseignants et entre les étudiants eux-mêmes, en plus du fait que l'étude dans les salles d'ambiance devient plus facile et que ce changement aide à sortir de la routine qui existe dans une salle de classe normale. Seuls 13% des étudiants ont déclaré ne pas aimer les cours en classe d'ambiance.

1 - Vous aimez les cours dans les salles thématiques ?

OUI - 109   **NON - 17**

Seuls 17 étudiants sur les 126 qui ont participé à la recherche ont répondu qu'ils n'aimaient pas étudier dans les salles thématiques, ceux-ci ont justifié leur réponse en disant qu'elles ne sont pas bien structurées, qu'elles ne disposent pas du matériel et des équipements nécessaires et qu'au moment de changer de salle il n'y a pas d'organisation. Le tableau suivant présente les commentaires contenus dans les réponses des étudiants à cette question :

Tableau 2. Réponses à la question ouverte posée aux étudiants.

Commentaires contenus dans les réponses des étudiants à la question : Pourquoi aimez-vous ou n'aimez-vous pas étudier dans la salle thématique.	Quantité	Pourcentage %
Elle retarde les cours, est très fatigante et manque d'organisation. Parfois, le sujet est flou et n'est pas bien expliqué.	2	1,6%
Parce que je me suis beaucoup amélioré et que c'est beaucoup plus intéressant de cette façon. Elle a plusieurs points positifs, elle est meilleure pour nous et pour les enseignants. Il apporte plus	3	2,4%
L'école a beaucoup d'élèves, ce serait plus facile si les enseignants changeaient de salle, les couloirs sont trop étroits, il faut plus de temps pour commencer la classe. Je n'aime pas passer dans l'autre pièce.	5	4%
Car oui, je peux retrouver mes amis dans les couloirs, au changement de classe, leur donner un verre d'eau, aller aux toilettes et discuter un peu avec mes camarades.	5	4%
Il s'agit de changer l'environnement d'étude, de sortir un peu quand on change de chambre, de marcher un peu et de ne pas passer tout son temps dans une seule pièce. Pour sortir un peu de la salle de classe.	8	6,3%

Nous n'avons pas de salles à thème, nous ne les utilisons pas. Je ne veux même pas étudier.	8	6,3%
Parce que l'apprentissage est plus détendu, que le plaisir sort de la routine, il est plus facile de comprendre le contenu.	9	7,1%
Parce que j'aime apprendre de nouvelles choses et de nouveaux sujets, montre qu'avec de nouvelles méthodes nous pouvons élargir les connaissances, laissant les sujets plus faciles. Parfois, il suffit de regarder les murs pour se souvenir de quelque chose. Nous apprenons davantage en faisant l'association des connaissances avec les sujets didactiques. Nous sommes plus motivés pour étudier, ce qui facilite notre apprentissage.	12	9,5%
Parce qu'il est bon d'avoir une salle avec sa propre identification comparable au sujet étudié, chaque sujet a sa propre salle ; nous pouvons différencier une salle d'une autre. C'est une façon différente d'enseigner, la décoration change l'environnement, les enseignants ont la liberté de décorer et d'organiser leur salle.	11	8,7%
Parce que nous pouvons interagir davantage avec les collègues et les enseignants. Il y a plus d'organisation et de matériaux, il y a plus de créativité dans ces espaces. Ils sont cool, ils m'aident à mémoriser les objectifs du cours, je reste plus concentré, je m'implique plus.	18	14,3%
Parce que les chambres sont confortables, plus belles, ce sont des classes différentes, plus intéressantes et plus agréables.	19	15%
PAS DE RÉPONSE	26	20,6%
TOTAL	**126**	**100%**

Des résultats similaires ont été trouvés par NAVES, (2014) dans la recherche intitulée " Sala ambiente pour l'enseignement en géographie : une étude de cas ". Travail de fin de cours (monographie), cours de géographie. Dont l'objectif était de réaliser une analyse de la mise en œuvre des salles d'ambiance, en particulier la salle de géographie pour les élèves des dernières années de l'enseignement élémentaire à partir d'une étude de cas de l'école élémentaire municipale Batista pereira, située dans la ville de Florianópolis, SC. Elle a également abordé le rôle de l'école et de l'enseignant aujourd'hui et la manière dont l'insertion de nouveaux outils pédagogiques peut contribuer à l'enseignement de la géographie. Selon ce travail, l'idée de mettre en place les salles d'environnement dans cette école est née d'une proposition de l'un des professeurs de géographie de Batista Pereira il y a environ six ans. Cependant, ce n'est qu'en 2013 qu'elle a été réalisée à titre expérimental et le résultat a été si productif que les enseignants des autres matières se sont intéressés à l'idée et ont demandé la salle d'environnement pour toutes les autres matières, ce qui a fini par être fait au début de l'année 2014. Selon le conseiller pédagogique, "la période d'adaptation a été meilleure que prévu, les élèves ont bien réagi au changement d'espace. Il n'y a eu aucune agitation lors du transfert des élèves d'une salle à l'autre pendant la période d'adaptation. Dans l'évaluation faite lors de la réunion précollégiale, la réponse au changement a été positive, la mise en place de ces environnements a été productive pour la plupart et cela contribuera à la qualité du processus d'enseignement et d'apprentissage.

En ce qui concerne les éléments que les élèves considèrent comme essentiels au fonctionnement d'une salle d'environnement, ils pouvaient choisir entre cinq possibilités, comme le montre le tableau ci-dessous.

Tableau 3. Éléments essentiels d'une pièce d'ambiance

2 - Parmi les alternatives suivantes, quels sont les éléments que vous considérez comme essentiels pour le fonctionnement d'une salle d'ambiance ?		
	QUANTITÉ	
ALTERNATIVE	**E.F**	**E.M**
L'organisation de la salle	26	14
La manière d'enseigner de l'enseignant	25	23
Les matériaux qui composent la classe	08	07
Interaction avec les camarades de classe et les enseignants	16	11
L'interaction des élèves avec le matériel disponible dans la salle.	10	05
Tout ce qui précède	28	31
Total	**113**	**91**

Avec cette compréhension initiale, les questions suivantes visaient à savoir, à travers la perception des étudiants, si l'adoption de cette nouvelle méthodologie a contribué et favorisé le processus d'apprentissage. 62% des étudiants ont déclaré que la salle thématique facilite l'apprentissage. Pour 16%, l'adoption de cette nouvelle forme d'enseignement n'a pas facilité l'apprentissage. Les 22% restants ont répondu que cela les aidait un peu, mais seulement dans certaines matières.

Enfin, en ce qui concerne les étudiants, je leur ai demandé s'ils pensaient que les enseignants étaient préparés à utiliser cette nouvelle stratégie d'enseignement. Et une fois encore, la réponse de la plupart d'entre eux a été positive, puisque 58% des étudiants ayant participé à l'enquête ont répondu par l'affirmative.

Tableau 4. Réponse à la 10ème question posée aux étudiants

10 - Pensez-vous que les enseignants sont préparés à utiliser cette nouvelle stratégie d'enseignement ?		
		QUANTITÉ
ALTERNATIVE	E.F	E.M
Oui, certains enseignants savent exactement comment utiliser le matériel disponible et donner de bonnes leçons.	41	31
Non, tout le monde n'est pas prêt	10	14
Manque de préparation de certains enseignants ; certains ne savent pas ou n'aiment pas utiliser toutes les ressources disponibles.	11	10
Aucune des alternatives précédentes	03	06
TOTAL	65	61

Les questionnaires présentaient également deux problèmes communs aux deux groupes participant à la recherche (enseignants et étudiants) : la première question posée concernait le changement de salle, si au moment où l'échange des heures de cours est effectué, cette action est faite de manière organisée. La plupart des enseignants (06) ont répondu que oui, cela se passe toujours de manière organisée. Sur les 65 élèves de l'école primaire, 38 ont répondu que l'organisation à ce moment-là est bonne, mais pour 31 élèves du secondaire, il n'y a pas d'organisation au moment du changement de classe, comme le montre le tableau suivant.

Tableau 5. Réponse à la première question qui a été posée aux deux groupes.

4 - Comment les élèves s'organisent-ils lorsqu'il est temps de changer de classe ?			
QUANTITÉ			
ALTERNATIVE	ENSEIGNANTS	E. F.	E.M.
BON	05	38	19
MAUVAIS	00	10	11
C'est toujours organisé	06	04	00
Il n'y a pas d'organisation	00	13	31
Total	11	65	61

J'ai également posé des questions sur le matériel disponible dans ces salles d'ambiance et parmi les différentes alternatives qu'ils pouvaient marquer (posters, magazines, télévision, ordinateur, tableau noir, data show, peintures sur les murs, modèles anatomiques, jeux, cartes, etc.) les alternatives les plus marquées étaient le tableau noir, les posters et le matériel fabriqué par les étudiants.

Tableau 6. Réponse à la 2ème question qui a été posée aux deux groupes.

5 - Parmi les options suivantes, quels matériels sont présents dans les salles d'ambiance de votre école ?			
QUANTITÉ			
ALTERNATIVES	**ENSEIGNANTS**	**E. F.**	**E. M.**
TABLEAU NOIR/BLANC	11	57	56
CARTELS	08	51	50
TÉLÉVISION	02	10	08
MAGAZINES	03	10	02
OMPUTEUR	01	17	12
MAPS	01	24	16
BANQUES	01	09	01
DATE SHOW	04	23	31
PEINTURES MURALES	03	27	19
MODÈLES ANATOMIQUES	03	03	04
JEUX	02	14	03
LES MATÉRIAUX FABRIQUÉS PAR LES ÉLÈVES	07	25	17
ATLAS DU CORPS HUMAIN	03	22	04
AUTRES	03	20	06

Après avoir mené la recherche, j'ai constaté que les salles d'ambiance des institutions qui ont participé à l'étude sont des salles qui n'ont pas une bonne structure en ce qui concerne la partie didactique, donc à mon avis et selon certains étudiants d'après les réponses obtenues dans les questionnaires, ces environnements ne sont pas considérés comme des salles thématiques, parce que la plupart n'ont pas de matériel didactique-pédagogique ou d'équipement qui devrait avoir dans ces espaces, dans certains il y a des placards, des affiches, quelques peintures sur les murs et quelques matériaux fabriqués par les étudiants et rien de plus. L'image suivante (Figure 1) montre la salle de sciences de l'école Presidente Costa e Silva, où les seuls matériels disponibles sont quelques affiches d'un travail effectué par les élèves et un poster ; sinon, il n'y a qu'une armoire en acier dans le coin de la pièce où les élèves peuvent laisser leurs manuels.

Fig.1. Salle de sciences de l'école B (PCS) Source : auteur 2018.

Les figures 2 et 3 proviennent de la salle de mathématiques de l'école Mario David Andreazza, dans laquelle nous pouvons observer qu'à part les rideaux, les seuls éléments différents de la salle sont la peinture sur le mur avec le nom de la matière et les signes présents dans les mathématiques : addition, division, soustraction, multiplication et égalité et quelques chiffres et notes de musique pour montrer que les mathématiques sont présentes dans la musique.

Fig. 2. Salle de mathématiques dans l'école E (MDA) Source : auteur 2018.

Fig. 3. Salle de mathématiques dans l'école E (MDA) Source : auteur 2018.

Dans les photos suivantes (Fig.4 et Fig.5), nous avons les images des ressources qui font partie de la salle de géographie de l'école de Penha Brazil, les murs sont entièrement recouverts de posters de travaux réalisés par les élèves en rapport avec le contenu, en plus de quelques cartes et bien qu'elle n'apparaisse pas dans l'image, la salle a également une armoire en acier.

Fig.4 salle de géographie de l'école A (PB) Source : auteur 2018.

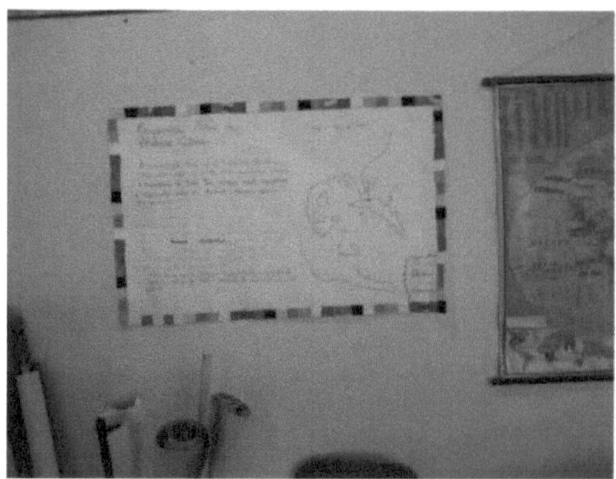

Fig.5. Salle de géographie de l'école A (PB) Source : auteur 2018

Les figures 6 et 7 montrent l'illustration représentative avec des images peintes sur les murs de la salle de biologie de l'école Lobo D'Almada, ce sont des figures de certains contenus étudiés dans la matière. Comme dans les autres salles de sujets que j'ai visitées, il y a aussi une armoire en acier dans le coin de la salle et rien d'autre à part cela.

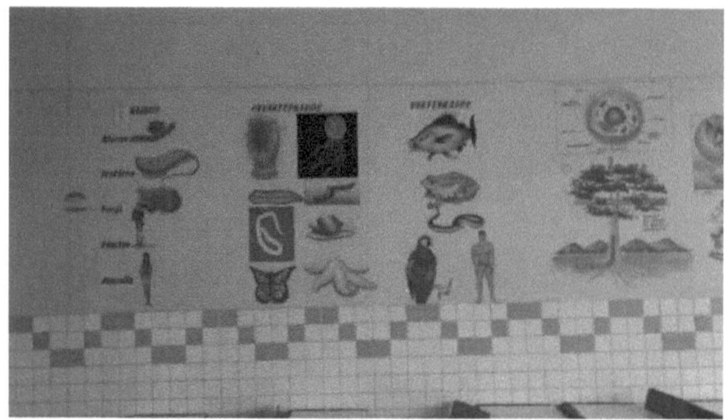

Fig.6 salle de biologie de l'école D (LDA) Source : auteur 2018.

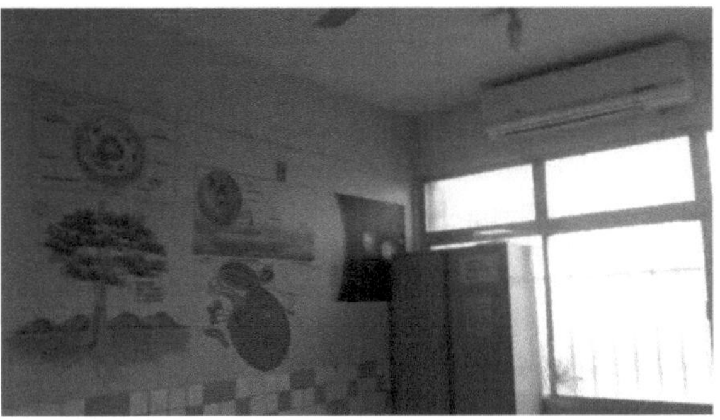

Fig.7. Salle de sciences de l'école D (LDA) Source : auteur 2018

Et enfin, nous avons une image qui montre comment est l'environnement dans la salle de classe portugaise de l'école Ayrton Senna da Silva, parmi les cinq écoles où j'ai développé ma recherche, je dois dire que c'est la plus précaire en termes de matériaux et de ressources et je ne qualifierais surtout pas ces salles de classe de thématiques, car elles n'ont rien qui leur fasse remplir le rôle de ces environnements (Fig. 8).

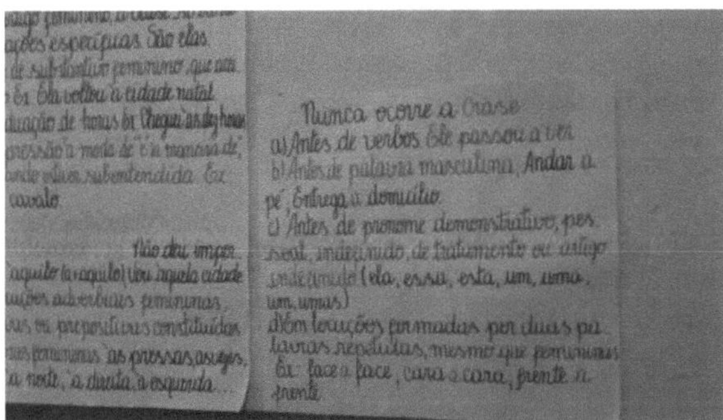

Fig.8 Salle portugaise de l'école C (ASS) Source : auteur 2018.

Pour atteindre l'objectif proposé pour l'enseignement dans une salle thématique, il ne suffit pas que la direction de l'école sépare une salle pour chaque matière et dise que lorsqu'il est temps de changer d'heure de cours, les élèves changent de salle. Pour qu'une salle de classe fonctionne comme une salle d'environnement, il est nécessaire que dans chaque salle il y ait des matériaux et des instruments appropriés à la matière enseignée dans la salle en question, qui peuvent aider et compléter le développement de l'apprentissage de diverses manières.

Selon le CENP (SÃO PAULO, 1997), une classe de langue portugaise, par exemple, devrait disposer d'une variété de matériel de lecture à la disposition des élèves : livres de littérature classique, poèmes, journaux, magazines, bandes dessinées, dictionnaires, mots croisés et jeux structurés et réalisés par les élèves eux-mêmes qui servent à contribuer à la compréhension et à la mémorisation de la diversité de la langue maternelle. Les autres matériaux indiqués sont les marionnettes, les costumes, les accessoires et les masques, afin d'explorer le récit des élèves. En utilisant des ressources matérielles, la salle d'ambiance peut être transformée en atelier de lecture ou de production de textes pour développer des activités langagières (parler, écouter, écrire, lire), des activités de réflexion sur la langue (interpréter, construire, organiser, structurer) et des activités métalangagières (connaissances qui construisent la théorie grammaticale).

S'il s'agit d'une salle de biologie spécifique, elle doit être enrichie de posters, modèles, graphiques, tableaux, planches, modèles anatomiques, squelettes, vidéos, photos, aquariums, terrariums, globes, microscopes, verrerie, etc. Des supports tels que des planches sur le corps humain, les parties anatomiques, le torse et les modèles de méiose et de mitose, par exemple, sont des ressources pédagogiques qui développent chez l'élève la capacité de comparer différents organes et systèmes, de faire le lien entre forme et fonction et d'établir des rapports de proportionnalité. Ce sont des matériaux qui rapprochent le modèle théorique du modèle réel et leur manipulation explore le développement sensori-moteur, visuel et esthétique CENP (SÃO PAULO, 1997).

En ce qui concerne les facteurs que les élèves considèrent importants dans une classe thématique, j'ai pu voir que le résultat de ma recherche était très conforme à ce que dit (Rosário et al., 2014), selon leur recherche 61% considèrent que tous ces facteurs sont importants dans une classe. Dans ma recherche, en plus des options : la manière d'enseigner de l'enseignant, le matériel de la salle, l'interaction avec les collègues et les enseignants et toutes les alternatives précédentes, il y avait aussi l'option l'organisation de la classe et comme le montre le tableau suivant, dans les deux cas, l'option qui a eu le plus de votes était toutes les réponses précédentes.

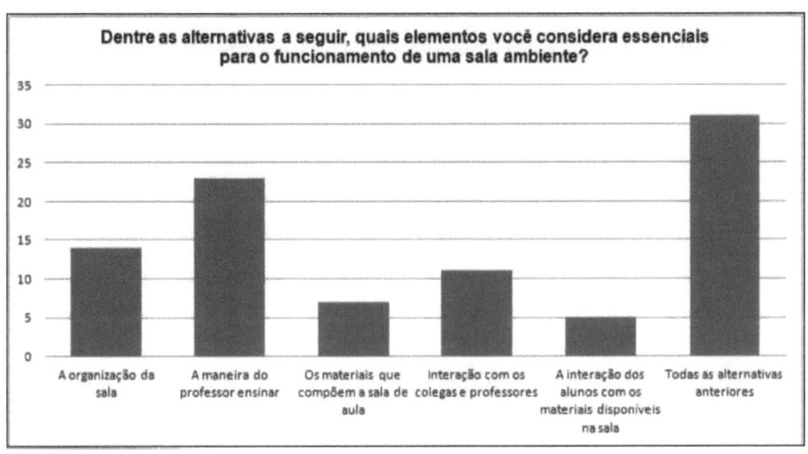

Après avoir compris ce qu'ils sont et quel est le but de la mise en place de ces espaces éducatifs, je vois la grande différence entre ce que j'aurais dû trouver lors de la réalisation de la recherche et ce que j'ai pu réellement visualiser sur le fonctionnement des salles d'ambiance dans les écoles publiques où j'ai développé ma recherche. La bonne chose à faire serait de voir des salles de classe riches en matériel didactique-pédagogique, avec des enseignants ayant la possibilité d'utiliser différents outils pour la construction de l'apprentissage des élèves, développant ainsi la créativité, la performance et l'interaction pendant les cours, ce qui les rend plus amusants et agréables. Mais contrairement à cela, ce que j'ai vu était principalement des salles normales, dans certaines il y avait encore quelques affiches, une armoire et l'un et l'autre matériel fait par les étudiants, comme quelques dessins sur le mur, mais rien au-delà de cela, et donc je ne peux pas considérer cet environnement comme étant une salle thématique, parce qu'il ne répond pas aux exigences nécessaires pour être une salle d'environnement.

En ce qui concerne les enseignants selon ce qu'ils ont répondu dans le questionnaire peut se rendre compte que, bien qu'ils pensent qu'il est nécessaire d'améliorer beaucoup la structure d'enseignement de ces environnements, ils pensent que la mise en œuvre des salles ambiantes a apporté des améliorations dans certains aspects tels que, par exemple, il est plus facile de développer les classes ne perdent pas beaucoup de temps lorsque la programmation de quelque chose de différent et ont besoin d'utiliser un instrument comme, par exemple, le spectacle de données. Quant aux étudiants, certains enseignants ont signalé un intérêt accru de la part des étudiants, dans certains cas il y a eu une amélioration des notes, pour les enseignants si ces salles de classe sont des environnements correctement installés cette mise en œuvre fait beaucoup de différence, y compris l'amélioration de la qualité de vie, parce qu'il est moins stressant d'enseigner dans la salle de l'environnement pour toutes les commodités déjà mentionnées.

Après avoir mené la recherche, il est devenu clair pour moi, que bien que les écoles décident d'adopter cette nouvelle stratégie d'enseignement, décident de faire la mise en œuvre de salles thématiques, il n'y a pas d'étude, un projet bien travaillé qui permet non seulement le déploiement, mais aussi la maintenance de ces espaces d'apprentissage. En discutant avec les enseignants et les élèves, j'ai pu constater qu'au début de l'exploitation de ces salles, on leur fournit du matériel pédagogique et structurel, mais malheureusement, l'école n'a aucun moyen de maintenir cet environnement ordonné et organisé comme une salle thématique devrait fonctionner. Ainsi, au bout d'un certain temps, cette salle ne répond plus à l'objectif pour lequel elle a été créée, puisque la seule chose qui reste de l'organisation initiale est le fait que chaque enseignant a à sa disposition une salle de classe et qu'au moment du changement d'heure, ce sont les élèves qui changent de salle et non l'enseignant.

Un autre point qu'il me semble important de souligner est la difficulté que j'ai eue à faire ma recherche considérant que la plupart des étudiants sont mineurs et, par conséquent, il est nécessaire qu'ils apportent signé par les parents un terme autorisant leurs enfants à participer à la recherche. Peu après mon arrivée dans la première école, j'ai réalisé que j'aurais beaucoup de difficultés et que je devais déjà penser à cette difficulté pour livrer plus de termes que prévu puisque les élèves emportaient les termes à la maison, mais ne se souvenaient pas de les apporter l'autre jour. Cela devient très clair lorsque l'on observe le graphique ci-dessous qui montre la différence entre le nombre de termes que j'ai livrés et le nombre de termes que j'ai reçus en retour signés.

Graphique 2. Termes livrés et termes reçus et signés

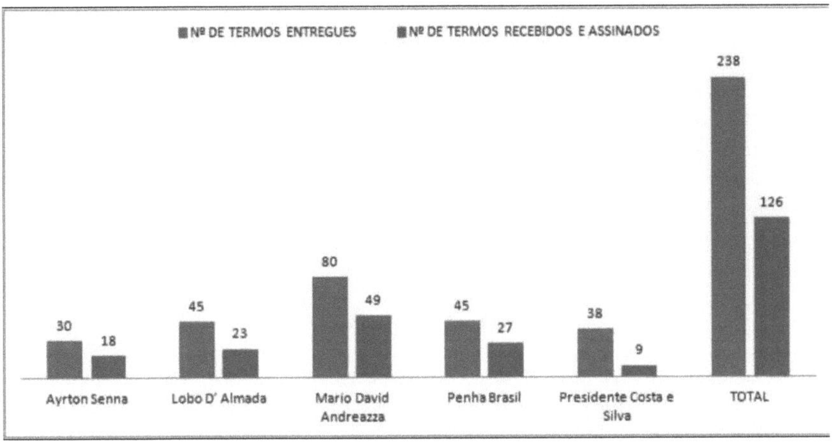

De plus, j'ai également pu constater que les étudiants n'aiment pas argumenter, répondre à des questions ouvertes, car lorsqu'on leur a demandé de répondre pourquoi ils aimaient ou n'aimaient pas étudier dans des classes thématiques, sur les 126 étudiants qui ont répondu aux questionnaires, 26 n'ont pas répondu, n'ont pas justifié pourquoi oui ou non.

Les résultats de la recherche montrent que, malgré les progrès réalisés, la forme et l'utilisation de la salle d'environnement font encore l'objet de nombreux débats. Il est nécessaire que l'école puisse discuter plus avant de cette option. En ce sens, ce travail espère également contribuer aux débats que l'école a menés pour améliorer la prise en charge et le travail avec les élèves. La salle d'environnement ne peut pas être à elle seule la seule option de changement dans une école, après tout elle ne peut pas faire avancer tous les besoins trouvés dans les processus éducatifs, qui dépendent d'autres changements dans la structure et l'infrastructure de l'école, mais aussi dans la partie pédagogique, dans la partie de la gestion de l'école.

5. OBSERVATIONS FINALES

L'objectif principal de cette recherche était de vérifier le fonctionnement de ces espaces éducatifs dans les écoles publiques de Boa Vista. Il est important d'étudier, de connaître et d'introduire de nouveaux outils pédagogiques qui stimulent les étudiants dans leur processus d'apprentissage et ce n'est pas une chose facile à faire, il est nécessaire que la direction de l'éducation et le personnel enseignant travaillent ensemble, développent une planification toujours à travers des discussions qui respectent les objectifs éducatifs qui devraient être le principal centre d'intérêt et cette planification doit impliquer tous les secteurs de l'école.

La mise en œuvre de salles thématiques peut rendre le processus d'enseignement et d'apprentissage agréable, amusant, dynamique et permet la jonction, l'intégration du contenu avec des expériences pratiques. C'est-à-dire lorsque ces espaces sont adoptés de manière correcte, ce qui n'est malheureusement pas le cas dans les établissements d'enseignement qui ont fait l'objet de cette étude. Les conditions des salles thématiques dans les cinq écoles sont très précaires tant au niveau de la structure physique, qu'au niveau de la partie pédagogique en ce qui concerne les matériels, les équipements qui sont à la disposition des enseignants et des élèves pour un bon déroulement de leurs cours.

Nous ne devons pas oublier que ces environnements seuls ne sont pas en mesure de faire des changements dans les aspects de l'école, qui est responsable de faire ces changements sont les étudiants et les enseignants est à travers eux, en particulier les enseignants, qui est possible de faire ces transformations est nécessaire de ne pas tomber dans la routine, la commodité qui est ce qui se produit le plus dans les salles de classe conventionnelles.

Après avoir mené les recherches, il m'est apparu clairement que les établissements d'enseignement qui ont fait l'objet de cette étude ne sont pas en mesure de faire fonctionner correctement les environnements de ces salles, conformément à l'objectif de ces espaces. Au début, il y a même un effort pour que ces environnements fonctionnent, mais après un certain temps, les écoles ne peuvent pas maintenir ce bon fonctionnement, je crois que cela se produit parce qu'au moment de la planification de la mise en œuvre il n'y a pas de préoccupation avec la maintenance de ces environnements.

Cette réalité pourrait être changée si ces enseignants essayaient de surmonter le manque de ressources financières par l'utilisation de la créativité, afin qu'ils puissent utiliser ces espaces en explorant cet univers créatif, qui offre plusieurs alternatives pour que l'enseignant puisse organiser cet espace de classe de manière à remplir son objectif, qui est d'enrichir le processus d'apprentissage. Dans l'une des écoles où j'ai étudié, j'ai vu un enseignant qui y est parvenu. Sa classe est très bien organisée et équipée de matériel didactique et pédagogique qui permet le développement de ses cours, de son processus d'apprentissage et de sa pratique de l'enseignement. Mais malheureusement, seul cet enseignant parvient à utiliser correctement ces espaces, la grande majorité des enseignants finissent par laisser le découragement prendre le dessus sur leur processus d'enseignement et ne peuvent pas tirer parti de ce nouvel outil pédagogique.

RÉFÉRENCES

ALVES, F. M. G ; COUCEIRO, K. C. U. S. **A importância das salas ambientes no ensino da matemática.** 2011. 16p. Curitiba.

ARRUDA, S. J. ; CAETANO, M. R. Inovação curricular na escola pública:a teoria e a prática de Projeto Salas-ambiente. **Revista Universo Acadêmico, Taquara,** RS, v. 5, n. 1, jan./dez. 2012.

BRANDAO, C. R. A turma de trás. Dans : MORAIS, R. (org.). **Salle de classe - de quel espace s'agit-il ?** Campinas : Papirus, 1986.

BRASIL. Secrétariat de l'éducation de base. **Paramètres du curriculum national : sciences naturelles /Secrétariat de l'éducation fondamentale.** - Brasília :MEC/SEF, 1997.136p.

BRASIL. Secrétariat de l'éducation de base. **Paramètres du programme national** : histoire. Brasília, 1998.

CARVALHO, Leandro. L'**environnement des salles et l'enseignement de l'histoire.** Disponible sur : < http://educador.brasilescola.com/estrategias-ensino/sala-ambiente-ensinohistoria. htm>. Consulté le : 29 juillet. 2018.

COSTELLA, R. Z. Competências e habilidades no contexto da sala de aula : ensaiando diálogos com a teoria piagetiana. **Cadernos de Aplicação, Porto Alegre**, v. 24, n. 1, jan./jun. 2014. Disponible sur : < http://seer.ufrgs.br/index. php / CadernosdoAplicacao / article / view /23262/18279>. Consulté le : 12 fév. 2016.

GUERRA, V. P. **Pratiques pédagogiques au lycée : perspectives de l'enseignement en salle ambiante.** Dissertation (Master en éducation) - Université de Tuiuti de Paraná Curitiba, 2007.

HALMENSCHLAGER, K. R. L'approche thématique dans l'enseignement des sciences : quelques possibilités. **Vivências : Revista Eletrônica de Extensão da URI,** Vol.7, N.13 : p.10-21, Octobre/2011.

HERNÁNDEZ, Fernando et al. **Apprendre avec les innovations dans les écoles.** Traduction par Ernani Rosa. Porto Alegre(RS) : Artes Médicas Sul, 2000.

LORENZATO, S. **O Laboratório de Ensino de Matemática na Formação de Professores.**

Editora Autores Associados Ltda. Campinas/SP, 2009.

KRASILCHIK, M. **Réformes et réalité : le cas de l'enseignement des sciences.** 2000. 9p - Faculté d'éducation de l'Université de São Paulo.

KRASILCHIK, M. **Prática de Ensino de Biologia.** 4. ed. ver. e ampliada, 3° reimpressão - São Paulo : Editora da Universidade de São Paulo, 2011.

MENEZES, E. T. ; SANTOS, T. H. **"Sala ambiente" (entrée). Dicionário Interativo da Educação Brasileira** - EducaBrasil. São Paulo : Midiamix Editora, 2002, disponible sur : < http://www.educabrasil.com.br/eb/dic/dicionario.asp?id=62> Consulté le : 29 juin 2017.

MINAYO, M. C. S. (Org). La **recherche sociale : théorie, méthode et créativité.** Petrópolis : Vozes, 2001

MOREIRA, A. F. **Ambientes de Aprendizagem no Ensino de Ciência e Tecnologia.** Belo Horizonte : CEFETMG, 2007.

MOREIRA, M. A. **Metodologias de Pesquisa em Ensino.** São Paulo : Editora Livraria da física, 2011.

MORAIS, R. D.(Org). **Salle de classe : quel est cet espace ?** 22e éd. - Campinas, SP : Papirus, 1988.

NAVES, P. A. **Room environment for teaching in geography : A case study.** 2014. 59p. Trabalho de Conclusão de Curso(Graduation) - Universidade federal de santa Catarina, Florianópolis 2014.

NUNES, O. C. Ensino da história da educação e a produção de sentidos na sala de aula. **Revista Brasileira de história da educação,** n° 6 jul./dez. 2003.

PENIN, S. T. S. **A aula : espaço de conhecimento, lugar de cultura.** 3° ed - São Paulo : Papirus, 1997.

PENIN, S. T. S. Sala ambiente : invocando, convocando, provocando a aprendizagem. **Revista Ciência Ensino.** Campinas, v. 3, p. 20-21, 1997.

ROSA, M. I. F. **Conversando sobre salas-ambiente no ensino de ciências. Revista Ciência e Ensino, Campinas,** FE/Unicamp, n° 3, p. 23-24, dez. 1997.

ROSARIO, C. L. et al. **Sala-ambiente : Espaço de Interação e Práticas Pedagógicas Inovadoras.** XIe Symposium de l'excellence en gestion et en technologie. Resende - RJ. 20014.

SANFELICE, L. J. ; SAVANI, D. ; LOMBARDI, C. J. **História da Educação : perspectivas para um intercâmbio internacional.** Campinas, SP : Auteurs associés : HISTERDBR. 1998.

SÃO PAULO (État) Secrétariat à l'éducation. Coordination des études et des normes pédagogiques. **Une escola de cara nova : sala-ambiente.** São Paulo : SE/CENP, 1997.

Université fédérale de RoraimaCentre d'
études sur la biodiversité-CBIOLcenciatura
en sciences biologiquesDiscipline
: recherche dans l'enseignement des sciences et de la biologieAcadémique
: Wilma Lima Lira

Questionnaire à appliquer aux enseignants des écoles publiques de la zone urbaine de Boa Vista/RR.

Cher enseignant, les questions de ce questionnaire visent à collaborer à la mise en œuvre de l'étude : L'utilisation des salles thématiques ou salles environnementales dans les écoles publiques de Boa Vista/RR. Cette recherche fait partie du travail de conclusion de cours (TCC) du cours de licence en sciences biologiques de l'Université fédérale de Roraima (UFRR). L'identité du participant à cet entretien sera tenue confidentielle.

Âge :   Sexe : ( ) M ( ) F

Identification

Nom de l'école ____

1- Lorsque l'institution a décidé de mettre en place les salles de travail, y a-t-il eu un type de formation pour les enseignants ?

( ) Oui, à l'initiative des enseignants eux-mêmes.

( ) Oui, à l'initiative de l'institution

( ) Il n'y a pas eu de formation

2 - Depuis combien de temps utilisez-vous les salles thématiques comme outil d'enseignement ?

( ) 1 an ( ) 2 ans ( ) 3 ans ( ) Plus de 3 ans

3 - Pensez-vous que la structure des salles de cours offre des conditions favorables pour faciliter le processus d'enseignement-apprentissage ?

( ) oui   ( ) non

Pourquoi ça ? ____

4   - Parmi les alternatives suivantes, quels sont les éléments que vous considérez comme essentiels pour le fonctionnement d'une salle/environnement thématique ?

( ) La structure physique de l'institution

( ) L'organisation de la salle

( ) Matériaux/ressources disponibles

( ) L'interaction avec les étudiants et les enseignants

( ) L'interaction des élèves avec le matériel disponible dans la salle.

( ) Toutes les alternatives précédentes

5   - Lorsqu'il s'agit de changer les horaires des cours, ce changement se fait-il de manière organisée ?

( ) oui ( ) un peu ( ) beaucoup ( ) non

6   - Parmi les options suivantes, quels matériels sont présents dans l'environnement de la salle où vous enseignez ?

( ) Tableau noir/blanc	( ) Data show
( ) Posters	( ) Peinture sur les murs
( ) Télévision	( ) Modèles anatomiques
( ) Magazine	( )Jeux
( ) Ordinateur ( )	( ) Matériaux fabriqués par les élèves
() Cartes	( ) Atlas du corps humain
( ) Bancs	( ) Autre

7   - La mise en œuvre de classes thématiques contribue-t-elle à la motivation des étudiants pour leurs études ?

( ) oui (   ) un peu ( )   beaucoup ( )   non

8   - Cette ressource a-t-elle apporté un changement dans le comportement des élèves pendant les cours ?

( ) Oui, les élèves sont plus attentifs aux cours.

( ) Oui, la grande majorité d'entre eux ont manifesté plus d'intérêt pour le contenu.

( ) Oui, ils interagissent désormais davantage en classe et entre eux, ce qui facilite grandement l'approche du contenu.

( ) Je n'ai pas remarqué de différence dans le comportement des élèves.

( ) Aucune des alternatives précédentes

9 Et en ce qui concerne le processus d'apprentissage, les résultats des élèves dans les évaluations, après la mise en place des classes d'ambiance, sont-ils plus positifs ?

( ) Oui, dans toutes les matières

( ) Oui, mais seulement dans certaines matières

( ) Oui, mais le changement a été faible

( ) S'est beaucoup amélioré

( ) Il n'y a pas eu d'amélioration

10 A votre avis, cette méthode devrait-elle être mise en œuvre dans d'autres écoles de la ville ?

( ) Oui

( ) Cela dépend, si les écoles ont une structure physique pour le déploiement, je suis d'accord avec le déploiement.

( ) Non

( ) Je préfère ne pas donner d'avis

ANNEXE B

Université fédérale de RoraimaCentre d'
études sur la biodiversité-CBIOLcenciatura
en sciences biologiquesDiscipline
: Recherche dans l'enseignement des sciences et de la biologieAcadémique
:Wilma Lima Lira

Questionnaire à appliquer aux élèves des écoles publiques de la zone urbaine de Boa Vista/RR.

Cher étudiant, les questions de ce questionnaire ont pour but de collaborer à la réalisation de l'étude : L'utilisation des salles thématiques ou salles environnementales dans les écoles publiques de Boa Vista/RR. Cette recherche fait partie du travail de fin d'études (TCC) du cours de licence en sciences biologiques de l'Université fédérale de Roraima (UFRR). L'identité du participant à cet entretien sera tenue confidentielle.

Âge :   Sexe : ( ) M ( ) F

Identification

Nom de l'école ___________________________________

1 -Vous aimez les cours dans les salles thématiques ?

( ) oui ( ) un peu ( )   beaucoup ( ) non

<u>Pourquoi ça ?</u> ____

2 - Parmi les alternatives suivantes, quels sont les éléments que vous considérez comme essentiels pour le fonctionnement d'une salle d'ambiance ?

( ) L'organisation de la salle

( ) La manière d'enseigner de l'enseignant

( ) Le matériel qui compose la classe

( ) Interaction avec les collègues et les enseignants

( ) L'interaction des élèves avec le matériel disponible dans la salle.

( ) Toutes les alternatives précédentes

3 -Aimez-vous cette dynamique dans laquelle les élèves changent de classe dans les

( ) Tableau noir/blanc   ( ) Data show

( ) Posters   ( ) Peinture sur les murs

( ) Télévision   ( ) Modèles anatomiques

( ) Magazine   ( )Jeux

( ) Ordinateur   **intervalles entre les cours ?**

( ) Cartes   ( ) Oui, parce que nous avons un peu plus de temps pour boire de l'eau et aller aux toilettes.

( ) Oui, malgré le fait que tous les élèves se trouvent en même temps dans les couloirs étroits, il y a parfois des collisions entre les élèves et des retards dans les cours.

( ) Oui, parce que c'est une occasion d'interagir avec des collègues.

( ) Non, je pense que c'est un processus fatiguant et qui prend du temps.

( ) Aucune des alternatives précédentes

4 - Le changement de chambre se fait-il de manière ordonnée ?

( ) oui ( ) un peu ( ) beaucoup ( ) non

5 - Parmi les matériaux suivants, lesquels sont présents dans les salles d'environnement de votre école ?

( ) Matériaux fabriqués par les élèves ( ) Atlas du corps humain

( ) Bancs   ( ) Autre

6 - À votre avis, cette méthode d'enseignement a-t-elle rendu les cours plus intéressants ?

( ) oui ( ) un peu ( ) beaucoup ( ) non

7 - Cette forme d'enseignement a-t-elle favorisé une meilleure compréhension dans votre processus d'apprentissage ?

( ) oui ( ) un peu ( ) beaucoup ( ) non

8 - Vos notes se sont-elles améliorées après la mise en place des salles de cours ?

( ) Oui, dans toutes les matières

( ) Oui, mais seulement dans certaines matières

( ) Oui, mais le changement a été faible

( ) J'ai beaucoup amélioré mes notes

( ) Il n'y a pas eu d'amélioration

9 - Cette stratégie d'enseignement a-t-elle augmenté votre motivation pour les études ?

( ) Oui

( ) Certainement, parce que les cours étaient beaucoup plus intéressants et interactifs.

( ) Non, ma motivation reste la même

( ) Il a beaucoup augmenté, parce que c'est une stratégie différenciée et amusante.

( ) Aucune des alternatives précédentes

10 - Pensez-vous que les enseignants sont préparés à utiliser cette nouvelle stratégie d'enseignement ?

( ) Oui, certains enseignants savent exactement comment utiliser le matériel disponible et donner de bons cours.

( ) Non, tous ne sont pas préparés

( ) Manque de préparation de certains enseignants ; certains ne savent pas ou n'aiment pas utiliser toutes les ressources disponibles.

( ) Aucune des alternatives précédentes

I want morebooks!

Buy your books fast and straightforward online - at one of world's fastest growing online book stores! Environmentally sound due to Print-on-Demand technologies.

Buy your books online at
www.morebooks.shop

Achetez vos livres en ligne, vite et bien, sur l'une des librairies en ligne les plus performantes au monde!
En protégeant nos ressources et notre environnement grâce à l'impression à la demande.

La librairie en ligne pour acheter plus vite
www.morebooks.shop

KS OmniScriptum Publishing
Brivibas gatve 197
LV-1039 Riga, Latvia
Telefax: +371 686 204 55

info@omniscriptum.com
www.omniscriptum.com

Printed by Books on Demand GmbH, Norderstedt / Germany